Tempus rationis amissa

EL DOMINIO INVISIBLE

Tierras raras y geopolítica global

EL DOMINIO INVISIBLE

Tierras raras y la geopolítica global

•

FEDERICO DILLA MAÑAS

CONSUELO SÁNCHEZ-CASTRO DÍAZ-GUERRA

I.S.B.N.: 978-84-19887-78-8
Depósito Legal: TO-260-2025
© Del texto: Los autores
© De la edición: Editorial LEDORIA-Jesús Muñoz Romero
* Calle Fuente del Moro, 6
Toledo, 45006
Teléfono: 636 56 03 70
Correo electrónico de contacto: info@editorial-ledoria.com
www.editorial-ledoria.com

INTRODUCCIÓN

En el intrincado tapiz de la economía global del siglo XXI, un conjunto de diecisiete elementos químicos, conocidos colectivamente como Tierras Raras, han emergido como actores cruciales, tejiendo nuevas dinámicas en el escenario geopolítico mundial. Lejos de ser "raras" en su abundancia geológica, aunque sí en su concentración económica y facilidad de extracción, estos elementos poseen propiedades magnéticas, luminiscentes y catalíticas únicas, convirtiéndose en componentes indispensables para una vasta gama de tecnologías de vanguardia. Desde los imanes permanentes que impulsan vehículos eléctricos y turbinas eólicas, hasta las pantallas de nuestros teléfonos inteligentes y los sistemas de defensa más sofisticados, las Tierras Raras son la savia de la transición energética y la revolución digital.

Sin embargo, la distribución geográfica de las reservas de Tierras Raras y, aún más significativo, el dominio casi monopólico de su procesamiento y refinado por parte de un número limitado de naciones, principalmente China, han generado una creciente preocupación a nivel global. Esta concentración ha puesto de manifiesto la vulnerabilidad de las cadenas de suministro, exponiendo a las economías dependientes a posibles interrupciones y a la utilización de estos materiales críticos como herramienta de presión geopolítica.

En este contexto, la "nueva geopolítica global" se ve profundamente influenciada por la competencia por el acceso seguro y diversificado a las Tierras Raras. Las naciones industrializadas y las potencias emergentes se encuentran inmersas en una búsqueda estratégica para asegurar sus propias fuentes de suministro, ya sea a través de la exploración de nuevos yacimientos, la inversión en tecnologías de reciclaje o el establecimiento de alianzas para contrarrestar la dependencia existente. Esta dinámica está redefiniendo las relaciones internacionales, impulsando la innovación tecnológica y fomentando un debate crucial sobre la sostenibilidad y la ética en la extracción y el uso de estos recursos esenciales. La comprensión de la compleja interacción entre las Tierras Raras y la geopolítica global se ha vuelto, por tanto, fundamental para navegar los desafíos y oportunidades del mundo contemporáneo.

Profundizando en esta intrincada relación, observamos cómo la demanda exponencial de tecnologías limpias y digitales está intensificando la presión sobre las cadenas de suministro de Tierras Raras. La transición hacia una economía baja en carbono, impulsada por la necesidad urgente de combatir el cambio climático, depende en gran medida de la disponibilidad de estos elementos para la fabricación de imanes de alto rendimiento en aerogeneradores y motores eléctricos, así como en baterías y otras tecnologías de almacenamiento de energía. De manera similar, la proliferación de dispositivos electrónicos de consumo, desde teléfonos inteligentes hasta ordenadores portátiles, y el avance de sectores estratégicos como la defensa, con sus sistemas de guía y radares de alta precisión, también dependen críticamente de las propiedades únicas de las Tierras Raras.

Esta creciente demanda, combinada con la concentración geográfica de la producción, ha generado una serie de desafíos geopolíticos. Las naciones consumidoras se enfrentan al riesgo de escasez, fluctuaciones de precios y posibles restricciones a la exportación, lo que subraya la necesidad de estrategias de diversificación y resiliencia en las cadenas de suministro. La búsqueda de nuevas fuentes de Tierras Raras se ha intensificado, abarcando desde la exploración de depósitos terrestres en diversas regiones del mundo hasta la investigación sobre la viabilidad de la extracción de nódulos polimetálicos en los fondos marinos.

Además, la geopolítica de las Tierras Raras también está intrínsecamente ligada a consideraciones ambientales y sociales. Los procesos de extracción y refinado de estos elementos pueden tener impactos significativos en los ecosistemas locales y generar desafíos en términos de gestión de residuos y contaminación. Esto plantea la necesidad de desarrollar tecnologías de extracción más limpias y sostenibles, así como de establecer marcos regulatorios robustos que mitiguen los riesgos ambientales y sociales asociados a esta industria.

En este escenario complejo y dinámico, la colaboración internacional, la inversión en investigación y desarrollo, y la adopción de políticas que fomenten la economía circular y el reciclaje de Tierras Raras se presentan como elementos clave para garantizar un acceso seguro y sostenible a estos recursos críticos. La forma en que las naciones aborden estos desafíos definirá en gran medida el futuro de la geopolítica global y la trayectoria de la transición hacia una economía más verde y tecnológicamente avanzada.

I

LAS TIERRAS RARAS

A.- Definición y clasificación. ¿Qué son las tierras raras y qué elementos las componen?

Las Tierras Raras son un conjunto de 17 elementos químicos de la tabla periódica que comparten propiedades fisicoquímicas similares. Este grupo está compuesto por los 15 lantánidos (lantano, cerio, praseodimio, neodimio, prometio, samario, europio, gadolinio, terbio, disprosio, holmio, erbio, tulio, iterbio y lutecio) [1] más el escandio (Sc) y el itrio (Y), que, aunque no son lantánidos, se incluyen debido a que se encuentran en los mismos depósitos minerales y comparten comportamientos químicos similares.

El término "tierras" proviene de una antigua denominación utilizada por los químicos para referirse a óxidos metálicos insolubles en agua. La palabra "raras" se debe a que, en el momento de su descubrimiento a finales del siglo XVIII y principios del XIX, se pensaba que eran escasos. Sin embargo, aunque no suelen encontrarse en estado puro y están dispersos en la corteza terrestre en concentraciones bajas, la mayoría de las Tierras Raras no son tan raras como su nombre sugiere; algunos son incluso más abundantes

11

que metales comunes como el plomo. La dificultad radica en su extracción y separación individual debido a sus similitudes químicas. Las Tierras Raras se clasifican generalmente en tierras raras ligeras (LREE) y tierras raras pesadas (HREE), basándose en su peso atómico. Esta distinción es importante ya que presentan diferentes propiedades y aplicaciones.

B.- Propiedades destacadas y Aplicaciones

a.- Propiedades físicas y químicas únicas y Aplicaciones en tecnología moderna (electrónica, energías renovables, vehículos eléctricos, etc.).

+ <u>Magnéticas</u>: Varios elementos, como el neodimio y el disprosio, poseen propiedades magnéticas excepcionales, lo que los hace cruciales para la fabricación de imanes permanentes de alta potencia utilizados en motores eléctricos, turbinas eólicas, altavoces y dispositivos electrónicos.

+ <u>Luminiscentes</u>: Elementos como el europio y el terbio son utilizados como fósforos en pantallas de televisión, monitores de ordenador, iluminación LED y otros dispositivos optoelectrónicos, ya que emiten luz de colores brillantes cuando se les aplica energía. Componentes esenciales en pantallas de teléfonos móviles, ordenadores y televisores

+ <u>Catalíticas</u>: El cerio y el lantano, entre otros, se emplean como catalizadores en diversas aplicaciones industriales, incluyendo el craqueo de petróleo, convertidores catalíticos de automóviles y la producción de polímeros.

+ <u>Electroquímicas</u>: Algunas Tierras Raras mejoran el rendimiento y la durabilidad de las baterías recargables, como las utilizadas en vehículos eléctricos y dispositivos portátiles.

+ <u>Desafíos en la cadena de suministro:</u>

13

- Concentración de la producción: China domina la producción y el procesamiento de tierras raras, lo que genera preocupaciones sobre la seguridad del suministro.

- Impacto ambiental: La extracción y el procesamiento de tierras raras pueden tener un impacto ambiental significativo, incluyendo la contaminación del agua y del suelo.

- La búsqueda de métodos de reciclaje y de búsqueda de yacimientos fuera de china.

+ Investigación y desarrollo:

Se están realizando esfuerzos para desarrollar materiales alternativos y tecnologías de reciclaje para reducir la dependencia de las tierras raras.

- La investigación en procesos de producción más sostenibles es crucial para minimizar el impacto ambiental.

Debido a estas propiedades únicas, las Tierras Raras se han convertido en elementos indispensables para una amplia gama de tecnologías modernas y son consideradas materias primas críticas para muchas industrias estratégicas.

b.- Importancia en la industria de defensa.

Las Tierras Raras desempeñan un papel crucial e insustituible en la industria de defensa moderna. Sus propiedades únicas son esenciales para el funcionamiento y la mejora de una amplia gama de tecnologías y sistemas militares avanzados. Aquí te presento algunos de los aspectos más destacados de su importancia:

+ Sistemas de Armamento y Control de Fuego:

• Sistemas de guía y control de misiles y bombas: Elementos como el terbio, el disprosio, el samario y el neodimio son fundamentales en los sistemas de guía de precisión, permitiendo que las armas alcancen sus objetivos con una exactitud milimétrica.

• Radares y sonares de alta potencia: El gadolinio, el itrio y el samario se utilizan en los sistemas de radar y sonar para controlar magnéticamente el flujo de señales electrónicas, mejorando la detección y el seguimiento de objetivos.

• Láseres: Diversas Tierras Raras, como el praseodimio, el terbio, el holmio, el erbio y el tulio, se emplean en la fabricación de láseres de alta potencia utilizados en sistemas de designación de objetivos, contramedidas y armas de energía dirigida.

+ Vehículos Militares:

• Motores eléctricos de alto rendimiento: Los imanes permanentes fabricados con neodimio y praseodimio son esenciales en los motores eléctricos compactos y potentes utilizados en vehículos eléctricos militares, drones y otros vehículos no tripulados.

- Aleaciones y superaleaciones: Las Tierras Raras se añaden a aleaciones para mejorar su resistencia a altas temperaturas, corrosión y desgaste, lo que es crucial en la fabricación de componentes para aviones, helicópteros, vehículos blindados y motores a reacción.

- Actuadores: Los imanes de neodimio y samario, resistentes a temperaturas extremas, se utilizan en los actuadores de las aletas de control de aviones de combate y otros sistemas mecánicos de alta exigencia.

+ Electrónica y Comunicaciones:

- Sistemas de comunicación seguros y de alta velocidad: El lantano se utiliza en la fabricación de fibras ópticas de alto rendimiento, fundamentales para las comunicaciones militares seguras y de gran ancho de banda.

- Pantallas y visualización de datos: Elementos como el terbio y el itrio se emplean en pantallas de alta resolución para visualizar información táctica y de inteligencia.

- Gafas de visión nocturna: El lantano, el gadolinio y el itrio son necesarios para la fabricación de gafas de visión nocturna, cruciales para las operaciones militares en condiciones de baja visibilidad.

<u>+ Otras Aplicaciones Críticas:</u>

- Tecnología Stealth (sigilo): Algunos compuestos de Tierras Raras se utilizan en materiales absorbentes de radar (RAM) para reducir la detectabilidad de aeronaves y otros vehículos militares.

- Imanes de alta potencia: Los imanes de Tierras Raras son esenciales en diversos equipos militares, desde generadores hasta sistemas de lanzamiento electromagnético.

- Sensores y contramedidas electrónicas: Las propiedades ópticas y electrónicas de las Tierras Raras son aprovechadas en la fabricación de sensores avanzados y sistemas de contramedidas electrónicas.

La dependencia de la industria de defensa de las Tierras Raras es tal que la seguridad del suministro de estos materiales se ha convertido en una cuestión de seguridad nacional para muchos países. La concentración de la producción y el procesamiento en un número limitado de naciones genera vulnerabilidades en las cadenas de suministro, lo que impulsa la búsqueda de fuentes alternativas, el desarrollo de tecnologías de reciclaje y la exploración de nuevos yacimientos.

En resumen, las Tierras Raras son elementos fundamentales para la capacidad operativa y la superioridad tecnológica de las fuerzas armadas modernas. Su ausencia o restricción tendría consecuencias significativas para la producción de equipos militares avanzados y, por lo tanto, para la seguridad global.

I I
DISTRIBUCIÓN GLOBAL Y EXTRACCIÓN

A.- Yacimientos principales. Concentración de yacimientos en China y otros países.

La concentración de yacimientos de Tierras Raras es un factor clave en la geopolítica global actual. Si bien estos elementos no son intrínsecamente "raros" en la corteza terrestre, su distribución económica y la facilidad de extracción varían significativamente entre países.

1.- China:

Concentración Dominante en China:

- **Reservas:** China posee las mayores reservas mundiales de Tierras Raras, estimadas en aproximadamente 44 millones de toneladas métricas. Esto representa una parte significativa de las reservas globales conocidas. Históricamente, esta concentración de reservas ha contribuido al dominio de China en la producción mundial de Tierras Raras.

- **Producción:** Durante décadas, China ha dominado la producción mundial de Tierras Raras. En 2022, se estima que produjo alrededor del **70%** de la producción global, lo que subraya su posición central en la cadena de suministro.

- **Yacimientos Clave:** El yacimiento de Bayan Obo en Mongolia Interior es la mina de Tierras Raras más grande del mundo y contribuye significativamente a la producción china.

2.- Otros Países con Reservas y Producción Importantes (datos de 2022 y 2023):

- **Vietnam:** Se estima que Vietnam cuenta con las segundas mayores reservas a nivel mundial, alrededor de 22 millones de toneladas métricas. Aunque históricamente su producción ha sido menor, existe un creciente interés en desarrollar sus yacimientos como alternativa a China.

- **Estados Unidos:** Si bien sus reservas son significativamente menores que las de China (estimadas en 1.8 millones de toneladas métricas), Estados Unidos se ha convertido en el segundo mayor productor a nivel mundial, con una producción de aproximadamente 43,000 toneladas métricas en 2023. La mina de Mountain Pass en California es su principal fuente.

- **Australia:** Australia también es un productor relevante, con una producción estimada de 16,800 toneladas métricas en 2023. Posee reservas importantes y está invirtiendo en aumentar su capacidad de procesamiento.

- **India:** India cuenta con reservas estimadas **en 6.9 millones de toneladas métricas** y una producción modesta en comparación con China y otros actores principales.

- **Rusia:** Rusia también posee reservas considerables y ha mostrado interés en aumentar su producción para competir en el mercado global.

- **Brasil**: Cuenta con la tercera reserva más grande, alrededor de 21 millones de toneladas métricas. Sin embargo, su producción actual es relativamente baja.

- **Groenlandia:** Posee reservas significativas, alrededor de 1.5 millones de toneladas métricas, comparables a las de Estados Unidos, pero actualmente no están explotadas.

- **Otros Productores:** Otros países con producción, aunque en menor escala, incluyen Myanmar, Tailandia, Madagascar y Brasil.

3.- Distribución Global de Reservas:

Es importante destacar que las reservas de Tierras Raras están distribuidas en más de 34 países alrededor del mundo. Sin embargo, la viabilidad económica de la extracción y el desarrollo de la infraestructura de procesamiento son factores cruciales que determinan la producción real.

4.- Implicaciones Geopolíticas de la Concentración:

La alta concentración de la producción y, en menor medida, de las reservas en China ha generado preocupaciones geopolíticas significativas:

- **Dependencia de las Cadenas de Suministro:** Muchos países dependen de China para el suministro de Tierras Raras, lo que crea vulnerabilidades ante posibles restricciones a la exportación o interrupciones en el suministro.

- **Ventaja Competitiva:** El control sobre la producción otorga a China una ventaja competitiva en industrias clave que dependen de estos materiales.

- **Seguridad Nacional:** Para países con una importante industria de defensa, la dependencia de un proveedor extranjero para materiales críticos como las Tierras Raras plantea riesgos para la seguridad nacional.

- **Vulnerabilidad de las Cadenas de Suministro:** La alta concentración de reservas en unos pocos países, especialmente en China, genera una dependencia significativa para las naciones consumidoras. Esto las hace vulnerables a posibles restricciones comerciales, cuotas de exportación o decisiones políticas que puedan interrumpir el suministro.

- **Riesgos Geopolíticos:** El control sobre una parte sustancial de las reservas mundiales otorga a los países productores una influencia geopolítica considerable. La capacidad de restringir el acceso a estos materiales críticos puede ser utilizada como herramienta de presión en negociaciones comerciales o políticas.

- **Necesidad de Diversificación:** La distribución geográfica de las reservas, aunque desequilibrada, muestra que existen alternativas a la dependencia de un único proveedor. Esto impulsa a las naciones a invertir en la exploración y el desarrollo de yacimientos en otros países, así como en tecnologías de procesamiento fuera de China.

- **Competencia por Recursos:** A medida que la demanda de Tierras Raras sigue aumentando debido a la transición energética y al avance tecnológico, la competencia por acceder a estas reservas se intensifica, lo que puede generar tensiones geopolíticas y la formación de nuevas alianzas estratégicas.

Esta situación ha impulsado a otras naciones a buscar la diversificación de sus fuentes de suministro, a invertir en la exploración y desarrollo de yacimientos propios, y a fomentar la investigación en alternativas y reciclaje de Tierras Raras. La geopolítica de las Tierras Raras sigue siendo un tema dinámico y crucial en el escenario global.

B.- Proceso de extracción y refinamiento.

+ Desafíos técnicos y ambientales de la extracción.

La extracción de tierras raras es un proceso complejo que varía significativamente según el tipo de yacimiento y la tecnología utilizada. Cada etapa puede tener subprocesos detallados y requerir adaptaciones específicas.

Fase 1: Exploración y Evaluación del Yacimiento

1. **Estudios Geológicos y Geofísicos:**

   o   Identificación de áreas potencialmente ricas en tierras raras mediante análisis de mapas geológicos, datos satelitales y estudios geofísicos (magnetometría, radiometría, etc.).

   o   Muestreo de superficie (rocas, sedimentos) para análisis geoquímicos y determinación de la concentración y distribución de elementos de tierras raras (REE).

2. **Perforación y Muestreo Subterráneo:**

   o   Realización de perforaciones exploratorias para obtener muestras del subsuelo a diferentes profundidades.

   o   Análisis detallado de las muestras de núcleos de perforación para evaluar la mineralogía, la ley (concentración) de REE y las características del yacimiento.

3. **Estudios de Viabilidad:**

   o   Evaluación económica del proyecto, incluyendo la estimación de recursos y reservas, costos de extracción y procesamiento, precios de mercado y análisis de riesgos.

24

o Estudios ambientales y sociales para identificar posibles impactos y desarrollar planes de mitigación.

o Estudios metalúrgicos preliminares para determinar la mejor estrategia de procesamiento del mineral.

Fase 2: Minería

4. **Desarrollo de la Mina:**

o Planificación y diseño de la mina (a cielo abierto o subterránea) en función de las características del yacimiento.

o Adquisición de permisos y licencias ambientales y operativos.

o Construcción de la infraestructura minera (accesos, caminos, instalaciones de almacenamiento, etc.).

5. **Extracción del Mineral:**

o Implementación de métodos de minería adecuados (excavación, voladura, etc.) para extraer el mineral que contiene las tierras raras.

o Transporte del mineral extraído a las instalaciones de procesamiento.

Fase 3: Procesamiento y Concentración del Mineral

6. **Trituración y Molienda:**

o Reducción del tamaño de las partículas del mineral mediante trituradoras y molinos para liberar los minerales que contienen las tierras raras.

7. **Concentración Física:**

o Utilización de diversos métodos físicos para separar los minerales valiosos de la ganga (material no deseado). Estos métodos pueden incluir:

- **Separación por gravedad:** Aprovechando las diferencias de densidad entre los minerales.

- **Separación magnética:** Utilizando imanes para separar minerales magnéticos.

- **Flotación:** Utilizando reactivos químicos para hacer que las partículas de los minerales de interés se adhieran a burbujas de aire y floten para su recolección.

- **Lixiviación en pilas o en tanque (en algunos casos):** Disolución selectiva de los minerales de interés mediante soluciones químicas.

Fase 4: Refinación y Separación de Tierras Raras Individuales

8. **Preparación del Concentrado:**

o Tratamiento del concentrado obtenido en la etapa anterior para eliminar impurezas y prepararlo para la separación de las tierras raras individuales. Esto puede incluir tostación, calcinación o lixiviación ácida o alcalina.

9. **Separación de Tierras Raras:**

o Esta es la etapa más compleja y costosa. Se utilizan diversas técnicas para separar las tierras raras individuales debido a

26

sus propiedades químicas muy similares. Los métodos más comunes incluyen:

- **Intercambio iónico:** Utilización de resinas de intercambio iónico para separar los iones de tierras raras en función de su carga y tamaño.

- **Extracción por solventes:** Utilización de solventes orgánicos inmiscibles en agua para extraer selectivamente los iones de tierras raras de una fase acuosa a otra. Este proceso se repite muchas veces en cascada para lograr una alta pureza.

- **Precipitación selectiva:** Utilización de reactivos químicos para precipitar selectivamente compuestos de tierras raras individuales.

10. **Purificación y Obtención de Óxidos/Metales:**

   o Los compuestos de tierras raras separados se purifican aún más mediante diversos procesos químicos.

   o Finalmente, se convierten en óxidos de tierras raras (la forma comercial más común) o en metales de tierras raras mediante procesos de reducción.

Fase 5: Gestión de Residuos y Recuperación Ambiental

11. **Tratamiento de Efluentes:**

   o Tratamiento de las aguas residuales generadas en las diferentes etapas del proceso para eliminar contaminantes y cumplir con las normativas ambientales.

12. **Gestión de Residuos Sólidos:**

o Almacenamiento seguro y gestión adecuada de los residuos sólidos generados durante la minería y el procesamiento.

13. **Rehabilitación del Sitio:**

o Implementación de planes de rehabilitación para restaurar las áreas afectadas por la minería y el procesamiento a un estado ecológicamente aceptable.

Se están investigando y desarrollando nuevas tecnologías para la extracción y separación de tierras raras con el objetivo de mejorar la eficiencia, reducir costos y minimizar el impacto ambiental. El campo de la extracción y procesamiento de tierras raras está en constante evolución, impulsado por la necesidad de métodos más eficientes, económicos y sostenibles. Algunas de las tecnologías emergentes más prometedoras incluyen:

• **Biolixiviación:** Utilización de microorganismos (bacterias y hongos) para disolver selectivamente los minerales que contienen tierras raras de los yacimientos o de fuentes secundarias como residuos electrónicos. Este método puede ofrecer ventajas ambientales al reducir el uso de productos químicos agresivos y las temperaturas elevadas. Se están investigando diversas cepas de microorganismos y optimizando las condiciones de operación para mejorar la eficiencia y la selectividad.

• **Nuevos Solventes y Adsorbentes:** Desarrollo de solventes orgánicos y materiales adsorbentes más selectivos y eficientes para la separación de las tierras raras individuales. Esto incluye el diseño de ligandos y extractantes a medida que reconocen las sutiles diferencias químicas entre los lantánidos, lo que podría reducir el número de etapas necesarias en la extracción por solventes y el intercambio iónico, disminuyendo así los costos y el consumo de energía. También se están explorando líquidos iónicos y solventes eutécticos profundos como alternativas más ecológicas a los solventes orgánicos tradicionales.

- **Procesos de Separación Avanzados:** Investigación de técnicas de separación innovadoras como la electrodiálisis, la cromatografía de membrana y la separación por campos magnéticos. Estas tecnologías buscan ofrecer alternativas más eficientes y con menor impacto ambiental a los métodos convencionales. Por ejemplo, la electrodiálisis podría permitir la separación de iones de tierras raras a través de membranas selectivas utilizando un campo eléctrico.

- **Minería de Residuos:** Desarrollo de tecnologías específicas para la recuperación de tierras raras de fuentes secundarias como residuos electrónicos (RAEE), cenizas volantes de la quema de carbón, residuos de bauxita y lodos rojos. Estos enfoques buscan convertir lo que antes se consideraba un desecho en una valiosa fuente de materias primas, contribuyendo a la economía circular y reduciendo la dependencia de la minería primaria. Se están explorando métodos como el calentamiento flash Joule para facilitar la extracción de metales de los residuos.

- **Inteligencia Artificial y Automatización:** La aplicación de la inteligencia artificial y la automatización en las diferentes etapas del proceso de extracción y separación podría optimizar las operaciones, mejorar la eficiencia, reducir los costos y minimizar los errores humanos. Esto incluye el uso de modelos predictivos para la exploración, el control optimizado de los procesos de molienda y flotación, y la automatización de las complejas etapas de separación.

+ Impacto ambiental de la minería de tierras raras.

La minería de Tierras Raras, si bien crucial para numerosas tecnologías modernas, conlleva un impacto ambiental significativo y complejo que abarca diversas áreas:

1. <u>**Alteración del Paisaje y Pérdida de Biodiversidad**</u>:

+ **Minería a cielo abierto**: La extracción de Tierras Raras a menudo implica la remoción de grandes cantidades de tierra y vegetación, lo que altera drásticamente el paisaje natural.

+ **Destrucción de hábitats**: La excavación y la creación de infraestructuras mineras fragmentan y destruyen ecosistemas, afectando negativamente a la flora y fauna local, incluyendo especies endémicas y en peligro de extinción.

+ **Deforestación**: En algunas regiones, la expansión de la minería de Tierras Raras conduce a la deforestación, con la consiguiente pérdida de biodiversidad y la liberación de carbono almacenado.

2. Contaminación del Agua:

+ **Drenaje ácido de mina (DAM)**: La oxidación de sulfuros metálicos presentes en los minerales extraídos genera aguas altamente ácidas que pueden disolver metales pesados y elementos tóxicos, contaminando ríos, lagos y aguas subterráneas. Este fenómeno puede persistir durante mucho tiempo después del cierre de la mina.

+ **Contaminación por productos químicos**: En los procesos de concentración y refinado se utilizan diversos reactivos y solventes químicos que pueden filtrarse al agua si no se gestionan adecuadamente, afectando la calidad del agua y la vida acuática.

+ **Sedimentación**: La erosión del suelo removido durante la minería puede aumentar la sedimentación en los cuerpos de agua, enturbiando el agua, afectando la fotosíntesis y dañando los hábitats acuáticos.

+ **Contaminación radiactiva**: Algunos depósitos de Tierras Raras contienen elementos radiactivos como el torio y el uranio. La movilización de estos elementos durante la minería y el procesamiento puede contaminar las fuentes de agua y representar un riesgo para la salud humana y el medio ambiente.

3. Contaminación del Aire:

+ **Emisión de polvo y partículas**: Durante la excavación, el transporte de mineral y las voladuras se liberan partículas finas al aire, que pueden contener contaminantes y afectar la calidad del aire y la salud respiratoria de las comunidades cercanas.

+ **Gases contaminantes**: Los procesos de refinado pueden liberar gases tóxicos como dióxido de azufre y fluoruro de hidrógeno, contribuyendo a la contaminación atmosférica y la lluvia ácida.

+ **Emisiones de gases de efecto invernadero**: El consumo de energía en las operaciones mineras y el transporte de materiales contribuyen a las emisiones de gases de efecto invernadero y al cambio climático.

4. Contaminación del Suelo:

+ **Pérdida de suelo fértil**: La remoción de la capa superior del suelo durante la minería destruye su fertilidad y capacidad para sustentar la vegetación.

+ **Contaminación por metales pesados y productos químicos**: Los derrames o la disposición inadecuada de residuos mineros y productos químicos pueden contaminar el suelo, afectando la agricultura y representando riesgos para la salud a través de la cadena alimentaria.

+ **Residuos radiactivos**: La acumulación de residuos radiactivos procedentes de la minería de Tierras Raras puede contaminar el suelo y el agua durante largos periodos de tiempo.

5. Impacto en la Salud Humana:

+ **Exposición a contaminantes**: Las comunidades cercanas a las minas pueden estar expuestas a contaminantes del aire y del agua, lo que se ha relacionado con problemas respiratorios, enfermedades neurológicas y otros efectos en la salud, incluyendo un aumento en la prevalencia de ciertos tipos de cáncer.

+ **Riesgos laborales**: Los trabajadores de las minas están expuestos a riesgos laborales significativos, incluyendo la inhalación de polvo, la exposición a productos químicos tóxicos y la radiación.

6. Gestión de Residuos y Desafíos:

La minería de una sola tonelada de elementos de Tierras Raras puede generar una cantidad considerable de residuos tóxicos. La gestión adecuada de estos residuos es un desafío complejo que requiere:

+ Neutralización y tratamiento de aguas ácidas.

+ Almacenamiento seguro y a largo plazo de residuos radiactivos.

+ Contención y tratamiento de residuos químicos.

+ Rehabilitación de los terrenos minados.

7. **Esfuerzos para Mitigar el Impacto**:

Aunque los impactos ambientales de la minería de Tierras Raras son significativos, se están realizando esfuerzos para mitigar estos efectos a través de:

+ Desarrollo de tecnologías de extracción y procesamiento más limpias y eficientes.

+ Implementación de regulaciones ambientales más estrictas.

+ Fomento del reciclaje de Tierras Raras a partir de residuos electrónicos y otros materiales.

+ Investigación en materiales sustitutos.

+ Restauración ecológica de los sitios mineros abandonados.

En conclusión, la minería de Tierras Raras presenta un importante dilema: su necesidad para las tecnologías sostenibles y de defensa contrasta con sus graves impactos ambientales. Abordar estos desafíos requiere un enfoque integral que combine la innovación tecnológica, la regulación efectiva y la adopción de prácticas responsables en toda la cadena de valor.

C.- Cadenas de suministro.

+ Dependencia de ciertos países productores.

La cadena de suministro de Tierras Raras presenta una significativa dependencia de ciertos países productores, principalmente China, lo que conlleva importantes riesgos y desafíos para la economía y la seguridad global. Los esfuerzos en curso para diversificar las fuentes de suministro y fortalecer las capacidades de producción y procesamiento en otras regiones son cruciales para mitigar esta dependencia y asegurar un acceso más estable y seguro a estos materiales críticos en el futuro.

Implicaciones de la Dependencia:

+ **Vulnerabilidad de las Cadenas de Suministro**: La alta concentración de la producción y el procesamiento en un solo país expone a las industrias de todo el mundo a interrupciones en el suministro debido a factores geopolíticos, comerciales o incluso ambientales.

+ **Riesgos Geopolíticos**: El control sobre los recursos críticos otorga influencia geopolítica. China ha demostrado en el pasado su disposición a utilizar las restricciones a la exportación de Tierras Raras como herramienta de presión en disputas internacionales.

+ **Falta de Transparencia y Competencia**: El dominio de un solo actor puede generar falta de transparencia en los precios y limitar la competencia en el mercado.

+ **Seguridad Nacional**: Para las industrias de defensa, la dependencia de un proveedor extranjero para materiales esenciales plantea serias preocupaciones de seguridad nacional.

Varios países y regiones están tomando medidas para reducir su dependencia de China en la cadena de suministro de Tierras Raras:

+ **Diversificación de Fuentes**: Inversión en la exploración y desarrollo de yacimientos en otros países.

+ **Fomento de la Producción Nacional**: Implementación de políticas de apoyo a la minería y el procesamiento de Tierras Raras a nivel nacional.

+ **Desarrollo de Tecnologías de Reciclaje**: Investigación y desarrollo de métodos eficientes para recuperar Tierras Raras de residuos electrónicos y otros materiales.

+ **Investigación en Materiales Sustitutos**: Búsqueda de alternativas que puedan reemplazar a las Tierras Raras en algunas aplicaciones.

+ **Establecimiento de Alianzas Estratégicas**: Colaboración entre países para asegurar cadenas de suministro más resilientes y diversificadas.

III
EL IMPACTO GEOPOLÍTICO
DE LAS TIERRAS RARAS

A.- La "guerra" por las tierras raras.

En este apartado destacan cuestiones tales como, las competencias entre Estados Unidos, China, la Unión Europea y otros actores. Y otro aspecto a destacar es el uso de las tierras raras como herramienta de presión geopolítica. La "guerra" por las tierras raras tiene un impacto geopolítico significativo en el mundo actual.

Las tierras raras no son tan raras como su nombre indica en términos de abundancia en la corteza terrestre, pero sí son poco comunes las concentraciones explotables económicamente. Además, su procesamiento es complejo y a menudo genera importantes desafíos medioambientales, lo que limita su producción a unos pocos países. Estos elementos son críticos para numerosas tecnologías que impulsan la economía moderna y la transición energética, incluyendo:

+ Electrónica de consumo: teléfonos móviles, ordenadores, pantallas táctiles, altavoces.

+ Vehículos eléctricos e híbridos: imanes potentes para motores eléctricos y baterías.

+ Energías renovables: imanes en turbinas eólicas y materiales para paneles solares.

+ Tecnología militar: sistemas de guía, radares, láseres, imanes de alta potencia.

+ Medicina: equipos de resonancia magnética.

+ Otras industrias: catalizadores, aleaciones especiales, vidrios.

El dominio de China en la producción y procesamiento de tierras raras es un factor central en este impacto geopolítico. China controla aproximadamente el 80% del mercado global, lo que le otorga una influencia considerable sobre la cadena de suministro y los precios de estos materiales críticos. Esta situación ha generado preocupación en otros países, especialmente en Estados Unidos, la Unión Europea y Japón, que dependen en gran medida de las importaciones chinas. Este control ha llevado a una "guerra" por las tierras raras en varios frentes:

+ **Competencia por el acceso a los recursos**: Los países buscan diversificar sus fuentes de suministro, explorando nuevos yacimientos y desarrollando proyectos mineros en otras regiones como Australia, India, Canadá, Brasil, Rusia e incluso en Europa (por ejemplo, en los países nórdicos y España). También se está explorando el potencial de la minería de residuos y el reciclaje de productos electrónicos.

+ **Desarrollo de alternativas y sustitutos**: Se están invirtiendo recursos en la investigación y desarrollo de materiales alternativos que puedan reducir la dependencia de las tierras raras en ciertas aplicaciones.

+ **Creación de alianzas y estrategias geopolíticas**: Países consumidores están formando alianzas para asegurar el suministro y contrarrestar el dominio chino. También se están considerando políticas para fomentar la producción nacional y regional.

+ **Implicaciones para la transición energética**: La disponibilidad y el costo de las tierras raras son cruciales para la fabricación de tecnologías de energía limpia. La competencia por estos recursos podría afectar el ritmo y la viabilidad de la transición hacia una economía más sostenible.

+ **Conflictos sociales y ambientales**: La extracción de tierras raras puede tener impactos ambientales significativos, incluyendo la contaminación por metales pesados y la generación de residuos radiactivos. En algunos casos, la explotación de estos recursos ha generado conflictos sociales en las comunidades locales.

En resumen, el acceso y control de las tierras raras se han convertido en un elemento clave de la competencia geopolítica global. Los países buscan asegurar su suministro para mantener su competitividad tecnológica, impulsar la transición energética y garantizar su seguridad nacional, lo que ha llevado a una compleja dinámica de cooperación y competencia a nivel internacional.

B.- Implicaciones económicas.

Profundicemos en las implicaciones económicas de las tierras raras en la geopolítica, donde destacan varios aspectos o puntos de vista.

1. Fluctuaciones en los precios de las tierras raras:

Las fluctuaciones en los precios de las tierras raras tienen un impacto económico significativo y están estrechamente ligadas a la geopolítica. Varios factores contribuyen a esta volatilidad:

+ **Dominio de la oferta**: Como mencionamos, la alta concentración de la producción y el procesamiento en un solo país (principalmente China) hace que los precios sean susceptibles a las políticas internas chinas, como cuotas de exportación, regulaciones ambientales y decisiones estratégicas. Cualquier cambio en estas políticas puede generar picos o caídas abruptas en los precios.

+ **Demanda creciente y concentrada**: La demanda de tierras raras está en constante aumento debido a su uso en tecnologías de rápido crecimiento. Sin embargo, esta demanda se concentra en sectores específicos, lo que puede generar desequilibrios entre la oferta y la demanda y, por lo tanto, volatilidad en los precios.

+ **Especulación y manipulación del mercado**: Dada la relativa opacidad del mercado de tierras raras y la concentración de la oferta, existe un potencial para la especulación y la manipulación de precios, lo que añade incertidumbre económica.

+ **Eventos geopolíticos**: Tensiones comerciales, conflictos internacionales o cambios en las relaciones diplomáticas entre los principales productores y consumidores pueden afectar la percepción del riesgo en el suministro y, por lo tanto, influir en los precios. Por ejemplo, amenazas de restricciones a la exportación pueden provocar aumentos especulativos.

+ **Costos de producción y procesamiento**: Los costos asociados a la extracción y el procesamiento de tierras raras son significativos y pueden variar según la ubicación, la complejidad del mineral y las regulaciones ambientales. Cambios en estos costos pueden trasladarse a los precios finales.

Estas fluctuaciones de precios generan incertidumbre para las industrias que dependen de las tierras raras, dificultando la planificación a largo plazo, afectando los márgenes de beneficio y, en última instancia, repercutiendo en el precio de los productos tecnológicos para los consumidores.

2. Impacto en la competitividad de las industrias tecnológicas:

El acceso a un suministro estable y a precios competitivos de tierras raras es crucial para la competitividad de las industrias tecnológicas.

+ **Ventaja para los países con acceso preferencial**: Los países que tienen un acceso más fácil o costos más bajos para obtener tierras raras pueden tener una ventaja competitiva en la fabricación de productos tecnológicos avanzados. Esto fue evidente con el dominio de China en la producción, que le permitió desarrollar una robusta industria de fabricación de componentes electrónicos y otros productos de alta tecnología.

+ **Riesgos para las industrias dependientes**: Las industrias en países que dependen de las importaciones de tierras raras están expuestas a los riesgos de interrupciones en el suministro o aumentos repentinos de precios. Esto puede aumentar sus costos de producción, reducir sus márgenes de beneficio y hacerlos menos competitivos a nivel global.

+ **Incentivo para la innovación y la sustitución**: La preocupación por la seguridad del suministro y la volatilidad de los precios impulsa la inversión en investigación y desarrollo de materiales alternativos o tecnologías que requieran menos o ninguna tierra rara. Las empresas que logren innovar en este sentido pueden obtener una ventaja competitiva significativa.

+ **Relocalización y diversificación de cadenas de suministro**: La dependencia de un único proveedor de tierras raras puede llevar a las empresas y a los países a buscar activamente la diversificación de sus cadenas de suministro, incluso considerando la relocalización de la producción para asegurar un acceso más confiable a estos materiales críticos. Esto puede tener implicaciones económicas y geopolíticas a largo plazo.

En definitiva, la disponibilidad y el costo de las tierras raras son factores importantes que moldean la competitividad de las naciones en la economía global basada en la tecnología.

3. La búsqueda de la autosuficiencia por parte de los países más desarrollados:

Ante la vulnerabilidad que representa la alta dependencia de un único proveedor de tierras raras, los países más desarrollados están intensificando sus esfuerzos para lograr una mayor autosuficiencia en este ámbito. Esta búsqueda se manifiesta en varias estrategias:

+ **Inversión en exploración y extracción nacional**: Se están realizando inversiones significativas para identificar y desarrollar yacimientos de tierras raras dentro de sus fronteras. Esto incluye la reapertura de minas abandonadas y la exploración de nuevas áreas, a pesar de los desafíos técnicos, económicos y ambientales que esto conlleva.

+ **Fomento del reciclaje y la economía circular**: Se están implementando políticas y programas para mejorar la recolección y el reciclaje de productos electrónicos que contienen tierras raras. Esto no solo reduce la dependencia de la minería primaria, sino que también contribuye a una economía más circular y sostenible.

+ **Apoyo a la investigación y desarrollo de alternativas**: Los gobiernos y las empresas están invirtiendo en la investigación de materiales sustitutos que puedan desempeñar las mismas funciones que las tierras raras en diversas aplicaciones. El éxito en este campo podría reducir drásticamente la demanda de estos elementos críticos.

+ **Establecimiento de cadenas de suministro resilientes**: Se están promoviendo iniciativas para diversificar las fuentes de suministro a través de acuerdos comerciales y alianzas con otros países productores. El objetivo es crear cadenas de suministro más robustas y menos susceptibles a interrupciones geopolíticas.

+ **Creación de reservas estratégicas**: Algunos países están considerando o ya han establecido reservas estratégicas de tierras raras para mitigar el riesgo de escasez en caso de crisis o interrupciones en el suministro.

La búsqueda de la autosuficiencia en tierras raras es un objetivo estratégico a largo plazo para muchos países desarrollados. Si bien lograr una independencia total puede ser difícil, reducir significativamente la dependencia fortalecería su seguridad económica y su posición geopolítica en un mundo cada vez más impulsado por la tecnología.

I V
ESTRATEGIAS Y POLÍTICAS

Las estrategias y políticas sobre tierras raras son un componente fundamental de la geopolítica actual, reflejando la competencia por el acceso y el control de estos recursos críticos. Podemos agrupar estas estrategias y políticas en varias categorías:

A.- Políticas de Fomento de la Producción Doméstica y Regional

+ **Incentivos financieros**: Muchos países están ofreciendo subsidios, créditos fiscales y financiamiento para la exploración, extracción y procesamiento de tierras raras dentro de sus fronteras o en países aliados. Estados Unidos, la Unión Europea, Australia y Canadá han implementado o están considerando este tipo de medidas.

+ **Simplificación de permisos y regulaciones**: Los largos y complejos procesos de obtención de permisos son un obstáculo para el desarrollo de proyectos mineros. Se están realizando esfuerzos para agilizar estos procesos, manteniendo al mismo tiempo los estándares ambientales necesarios. La reciente normativa de la

Unión Europea para acelerar los permisos de proyectos de materias primas críticas en es un ejemplo de esto.

+ **Inversión en I+D**: Se están destinando fondos a la investigación y el desarrollo de tecnologías de extracción y procesamiento más eficientes y sostenibles, así como a la identificación de nuevos yacimientos.

+ **Creación de reservas estratégicas**: Algunos países están estableciendo reservas de tierras raras para protegerse contra posibles interrupciones del suministro. Esto proporciona una red de seguridad para industrias críticas en caso de tensiones geopolíticas o problemas en la cadena de suministro.

2. Estrategias de Diversificación del Suministro:

Acuerdos y alianzas internacionales: Los países consumidores están buscando diversificar sus fuentes de suministro mediante la firma de acuerdos comerciales y el establecimiento de alianzas estratégicas con otros países productores de tierras raras, como Australia, Canadá, Brasil, India y países africanos.

+ **Inversión en proyectos extranjeros**: Empresas y gobiernos están invirtiendo en el desarrollo de proyectos mineros y de procesamiento en otros países para reducir la dependencia de un único proveedor.

+ **Fomento de la minería en países en desarrollo**: Se están explorando oportunidades para desarrollar la minería de tierras raras en países con potencial geológico, a menudo con el apoyo de inversiones y tecnología de países desarrollados. Esto puede generar beneficios económicos para los países anfitriones, pero también plantea desafíos en términos de gobernanza y sostenibilidad.

3. Políticas de Reducción de la Demanda y Fomento de la Circularidad:

+ **Investigación en materiales sustitutos**: Se está invirtiendo en la búsqueda de materiales alternativos que puedan reemplazar a las tierras raras en diversas aplicaciones tecnológicas.

+ **Diseño para la circularidad**: Se promueven prácticas de diseño que faciliten la recuperación y el reciclaje de tierras raras de productos al final de su vida útil.

+ **Mejora de la eficiencia en el uso de materiales**: Se buscan tecnologías y procesos que permitan reducir la cantidad de tierras raras necesarias para lograr el mismo rendimiento en las aplicaciones.

+ **Desarrollo de la "minería urbana"**: Se fomenta la recolección y el procesamiento de residuos electrónicos para recuperar tierras raras y otros metales valiosos.

4. Medidas de Protección Comercial y Seguridad Nacional:

+ **Aranceles y restricciones a la exportación**: Aunque menos comunes, algunos países podrían considerar la imposición de aranceles a las importaciones de tierras raras o la implementación de restricciones a la exportación por motivos de seguridad nacional.

Sin embargo, estas medidas pueden tener efectos contraproducentes y generar tensiones comerciales.

+ **Evaluación de inversiones extranjeras**: Los gobiernos están revisando más de cerca las inversiones extranjeras en el sector de las tierras raras para proteger sus intereses estratégicos y evitar la dependencia excesiva de actores geopolíticos rivales.

5.- Ejemplos de Políticas y Estrategias Específicas:

+ **Estados Unidos**: Ha implementado la Ley de Producción de Defensa para impulsar la producción nacional de minerales críticos, incluyendo las tierras raras. También ha buscado acuerdos con Australia y Canadá para asegurar el suministro.

+ **Unión Europea**: Ha lanzado la Alianza Europea de Materias Primas y ha propuesto la Ley de Materias Primas Críticas para asegurar el acceso a un suministro sostenible, diversificado, asequible y seguro. Esto incluye el apoyo a proyectos de extracción, procesamiento y reciclaje dentro de la UE, como los recientemente aprobados en España.

+ **Japón**: Ha desarrollado una estrategia integral que incluye la diversificación de fuentes de suministro, la inversión en reciclaje y la investigación en sustitutos. Ha establecido acuerdos con varios países para asegurar el suministro de tierras raras fuera de China.

+ **Australia**: Se ha posicionado como un proveedor alternativo confiable y está invirtiendo en el desarrollo de sus capacidades de extracción y procesamiento de tierras raras.

Las estrategias y políticas sobre tierras raras en la geopolítica son multifacéticas y buscan asegurar el acceso a estos materiales críticos a través de la diversificación del suministro, el fomento de la producción nacional, la reducción de la demanda y la promoción de la circularidad, todo ello en un contexto de creciente competencia global y preocupaciones por la seguridad nacional. Desglosando las estrategias y políticas sobre tierras raras en la geopolítica en estas tres categorías nos permite analizar el panorama de forma más estructurada:

1. Políticas Nacionales:

Las políticas nacionales son las acciones que los gobiernos implementan dentro de sus propias fronteras para asegurar el suministro, fomentar la producción y gestionar el uso de tierras raras. Estas políticas pueden incluir:

a.- Incentivos a la producción doméstica:

o Apoyo financiero: Subsidios, préstamos a bajo interés, garantías de crédito para empresas dedicadas a la exploración, extracción y procesamiento de tierras raras.

o Beneficios fiscales: Exenciones o reducciones de impuestos para la industria de tierras raras.

o Inversión pública: Financiamiento directo para proyectos de investigación y desarrollo, así como para la infraestructura necesaria (carreteras, energía, etc.) en zonas mineras.

b.- Regulación y permisos:

o Agilización de procesos: Establecimiento de ventanillas únicas y simplificación de los trámites para la obtención de permisos de exploración y explotación, manteniendo los estándares ambientales.

o Estándares ambientales: Definición de regulaciones claras y exigentes para minimizar el impacto ambiental de la minería y el procesamiento de tierras raras.

o Seguridad y salud: Implementación de normativas para garantizar la seguridad y la salud de los trabajadores en la industria.

c.- Fomento del reciclaje y la economía circular:

o Programas de recolección: Iniciativas para la recolección y el reciclaje de productos electrónicos que contienen tierras raras.

o Incentivos al reciclaje: Subsidios o créditos fiscales para empresas dedicadas al reciclaje de tierras raras.

o Regulaciones sobre el contenido de materiales: Normativas que fomenten el uso de materiales reciclados y faciliten la recuperación de tierras raras al final de la vida útil de los productos.

d.- Creación de reservas estratégicas:

o Almacenamiento de tierras raras: Establecimiento de reservas nacionales de tierras raras para mitigar el riesgo de interrupciones en el suministro en caso de crisis geopolíticas o problemas en la cadena de suministro.

e.- Protección de la propiedad intelectual:

o Patentes: Fomento y protección de las patentes relacionadas con tecnologías de extracción, procesamiento y uso de tierras raras.

f.- Evaluación de inversiones extranjeras:

o Revisión de inversiones: Mecanismos para evaluar y potencialmente bloquear inversiones extranjeras en el sector de tierras raras que puedan representar riesgos para la seguridad nacional o la soberanía económica.

B.- Cooperación Internacional

La cooperación internacional es esencial para abordar los desafíos geopolíticos relacionados con las tierras raras, ya que ningún país puede ser completamente autosuficiente. Esta cooperación se manifiesta en:

a.- Acuerdos bilaterales y multilaterales:

o   Acuerdos comerciales: Inclusión de cláusulas sobre el acceso a materias primas críticas, incluyendo las tierras raras.

o   Memorandos de entendimiento (MOU): Acuerdos de cooperación en investigación y desarrollo, intercambio de información y desarrollo de proyectos conjuntos.

o   Alianzas estratégicas: Formación de alianzas entre países consumidores para diversificar las fuentes de suministro y coordinar políticas.

b.- Cooperación en investigación y desarrollo (I+D):

o   Proyectos conjuntos: Colaboración internacional en la investigación de nuevas tecnologías de extracción, procesamiento, reciclaje y sustitución de tierras raras.

o   Intercambio de conocimientos: Facilitar el intercambio de información científica y técnica entre instituciones y empresas de diferentes países.

c.- Armonización de estándares:

o   Estándares ambientales y sociales: Colaboración para establecer estándares comunes en la extracción y el procesamiento de tierras raras, promoviendo prácticas sostenibles a nivel global.

d.- Iniciativas multilaterales:

o Participación en foros internacionales: Colaboración a través de organizaciones internacionales para abordar los desafíos relacionados con las materias primas críticas.

o Desarrollo de cadenas de suministro resilientes: Iniciativas conjuntas para identificar y desarrollar fuentes de suministro alternativas y fortalecer la resiliencia de las cadenas de suministro globales.

e.- Apoyo a países en desarrollo:

o Asistencia técnica y financiera: Colaboración con países en desarrollo que poseen recursos de tierras raras para desarrollar sus capacidades de manera sostenible y responsable.

C.- Innovación y Alternativas

La innovación tecnológica juega un papel crucial en la reducción de la dependencia de las tierras raras y la mitigación de los riesgos geopolíticos asociados. Las estrategias en este ámbito incluyen:

a.- Investigación en materiales sustitutos:

o Financiación de la investigación: Apoyo público y privado a la investigación de materiales que puedan reemplazar a las tierras raras en sus diversas aplicaciones (imanes, catalizadores, etc.).

o Colaboración científica: Fomento de la colaboración entre universidades, centros de investigación y empresas para acelerar el descubrimiento y desarrollo de materiales alternativos.

b.- Desarrollo de tecnologías de uso eficiente:

o Optimización de diseños: Investigación y desarrollo de diseños de productos que requieran menos cantidad de tierras raras para lograr el mismo rendimiento.

o Nuevos procesos de fabricación: Desarrollo de procesos de fabricación más eficientes que minimicen el uso de tierras raras.

c.- Mejora de las tecnologías de reciclaje:

o Desarrollo de nuevas técnicas: Investigación y desarrollo de métodos más eficientes y económicos para la recuperación de tierras raras de residuos electrónicos y otros productos.

    o Escalado de tecnologías: Apoyo a la industrialización y escalado de las tecnologías de reciclaje de tierras raras.

d.- Exploración de nuevas fuentes:

    o Minería de residuos: Desarrollo de tecnologías para la extracción de tierras raras de residuos industriales y otros flujos de desechos.

    o Extracción de fuentes no convencionales: Investigación sobre la viabilidad de extraer tierras raras de fuentes como cenizas de carbón, relaves mineros o incluso aguas oceánicas.

En conjunto, estas políticas nacionales, la cooperación internacional y el impulso a la innovación son las herramientas clave que los países están utilizando para navegar por el complejo panorama geopolítico de las tierras raras, buscando asegurar su acceso a estos materiales críticos y reducir su vulnerabilidad.

V

PERSPECTIVAS FUTURAS

A.- Tendencias del mercado. Desafíos y oportunidades

Profundicemos en las implicaciones económicas de las tierras raras en la geopolítica.

1. Fluctuaciones en los precios de las tierras raras:

Las fluctuaciones en los precios de las tierras raras tienen un impacto económico significativo y están estrechamente ligadas a la geopolítica. Varios factores contribuyen a esta volatilidad:

+ **Dominio de la oferta**: Como mencionamos, la alta concentración de la producción y el procesamiento en un solo país (principalmente China) hace que los precios sean susceptibles a las políticas internas chinas, como cuotas de exportación, regulaciones ambientales y decisiones estratégicas. Cualquier cambio en estas políticas puede generar picos o caídas abruptas en los precios.

+ **Demanda creciente y concentrada**: La demanda de tierras raras está en constante aumento debido a su uso en tecnologías de rápido crecimiento. Sin embargo, esta demanda se concentra en sectores específicos, lo que puede generar desequilibrios entre la oferta y la demanda y, por lo tanto, volatilidad en los precios.

+ **Especulación y manipulación del mercado**: Dada la relativa opacidad del mercado de tierras raras y la concentración de la oferta, existe un potencial para la especulación y la manipulación de precios, lo que añade incertidumbre económica.

+ **Eventos geopolíticos**: Tensiones comerciales, conflictos internacionales o cambios en las relaciones diplomáticas entre los principales productores y consumidores pueden afectar la percepción del riesgo en el suministro y, por lo tanto, influir en los precios. Por ejemplo, amenazas de restricciones a la exportación pueden provocar aumentos especulativos.

+ **Costos de producción y procesamiento**: Los costos asociados a la extracción y el procesamiento de tierras raras son significativos y pueden variar según la ubicación, la complejidad del mineral y las regulaciones ambientales. Cambios en estos costos pueden trasladarse a los precios finales.

Estas fluctuaciones de precios generan incertidumbre para las industrias que dependen de las tierras raras, dificultando la planificación a largo plazo, afectando los márgenes de beneficio y, en última instancia, repercutiendo en el precio de los productos tecnológicos para los consumidores.

2. Impacto en la competitividad de las industrias tecnológicas:

El acceso a un suministro estable y a precios competitivos de tierras raras es crucial para la competitividad de las industrias tecnológicas.

+ **Ventaja para los países con acceso preferencial**: Los países que tienen un acceso más fácil o costos más bajos para obtener tierras raras pueden tener una ventaja competitiva en la fabricación de productos tecnológicos avanzados. Esto fue evidente con el dominio de China en la producción, que le permitió desarrollar una robusta industria de fabricación de componentes electrónicos y otros productos de alta tecnología.

+ **Riesgos para las industrias dependientes**: Las industrias en países que dependen de las importaciones de tierras raras están expuestas a los riesgos de interrupciones en el suministro o aumentos repentinos de precios. Esto puede aumentar sus costos de producción, reducir sus márgenes de beneficio y hacerlos menos competitivos a nivel global.

+ **Incentivo para la innovación y la sustitución**: La preocupación por la seguridad del suministro y la volatilidad de los precios impulsa la inversión en investigación y desarrollo de materiales alternativos o tecnologías que requieran menos o ninguna tierra rara. Las empresas que logren innovar en este sentido pueden obtener una ventaja competitiva significativa.

+ **Relocalización y diversificación de cadenas de suministro**: La dependencia de un único proveedor de tierras raras puede llevar a las empresas y a los países a buscar activamente la diversificación de sus cadenas de suministro, incluso considerando la relocalización de la producción para asegurar un acceso más confiable a estos materiales críticos. Esto puede tener implicaciones económicas y geopolíticas a largo plazo.

En definitiva, la disponibilidad y el costo de las tierras raras son factores importantes que moldean la competitividad de las naciones en la economía global basada en la tecnología.

3. La búsqueda de la autosuficiencia por parte de los países más desarrollados:

Ante la vulnerabilidad que representa la alta dependencia de un único proveedor de tierras raras, los países más desarrollados están intensificando sus esfuerzos para lograr una mayor autosuficiencia en este ámbito. Esta búsqueda se manifiesta en varias estrategias:

+ **Inversión en exploración y extracción nacional:** Se están realizando inversiones significativas para identificar y desarrollar yacimientos de tierras raras dentro de sus fronteras. Esto incluye la reapertura de minas abandonadas y la exploración de nuevas áreas, a pesar de los desafíos técnicos, económicos y ambientales que esto conlleva.

+ **Fomento del reciclaje y la economía circular:** Se están implementando políticas y programas para mejorar la recolección y el reciclaje de productos electrónicos que contienen tierras raras.

Esto no solo reduce la dependencia de la minería primaria, sino que también contribuye a una economía más circular y sostenible.

+ **Apoyo a la investigación y desarrollo de alternativas**: Los gobiernos y las empresas están invirtiendo en la investigación de materiales sustitutos que puedan desempeñar las mismas funciones que las tierras raras en diversas aplicaciones. El éxito en este campo podría reducir drásticamente la demanda de estos elementos críticos.

+ **Establecimiento de cadenas de suministro resilientes**: Se están promoviendo iniciativas para diversificar las fuentes de suministro a través de acuerdos comerciales y alianzas con otros países productores. El objetivo es crear cadenas de suministro más robustas y menos susceptibles a interrupciones geopolíticas.

+ **Creación de reservas estratégicas**: Algunos países están considerando o ya han establecido reservas estratégicas de tierras raras para mitigar el riesgo de escasez en caso de crisis o interrupciones en el suministro.

La búsqueda de la autosuficiencia en tierras raras es un objetivo estratégico a largo plazo para muchos países desarrollados. Si bien lograr una independencia total puede ser difícil, reducir significativamente la dependencia fortalecería su seguridad económica y su posición geopolítica en un mundo cada vez más impulsado por la tecnología.

B.- Perspectiva de los países productores.

Analizar sus intereses económicos y geopolíticos. Los países productores de tierras raras tienen una perspectiva compleja y multifacética, influenciada por sus propios intereses económicos, estratégicos y ambientales. Podemos analizar su perspectiva considerando los siguientes puntos:

1. Beneficios Económicos:

+ **Ingresos por exportación**: La producción y exportación de tierras raras pueden generar importantes ingresos para los países productores, contribuyendo a su Producto Interno Bruto (PIB) y a la creación de empleo.

+ **Desarrollo de industrias relacionadas**: La actividad minera y de procesamiento puede impulsar el desarrollo de industrias auxiliares y de servicios, generando un efecto multiplicador en la economía local y nacional.

+ **Inversión extranjera**: La demanda global de tierras raras puede atraer inversión extranjera directa, lo que a su vez puede impulsar el desarrollo de infraestructura y la transferencia de tecnología.

2. Consideraciones Estratégicas y Geopolíticas:

+ **Aumento de la influencia global**: Los países que controlan una parte significativa de la producción de tierras raras pueden aumentar su influencia en la geopolítica mundial, especialmente en lo que respecta a las industrias tecnológicas y de energía limpia.

+ **Ventaja competitiva**: El acceso a sus propios recursos de tierras raras puede otorgar a los países productores una ventaja competitiva en el desarrollo de sus propias industrias de alta tecnología.

+ **Seguridad de suministro**: Para los países que también son importantes consumidores de tierras raras, la producción nacional garantiza una mayor seguridad de suministro y reduce la dependencia de fuentes extranjeras.

3. Desafíos y Preocupaciones:

+ **Impacto ambiental**: La extracción y el procesamiento de tierras raras pueden tener impactos ambientales significativos, incluyendo la degradación del suelo, la contaminación del agua y del aire, y la generación de residuos radiactivos. Los países productores deben equilibrar los beneficios económicos con la necesidad de proteger el medio ambiente.

+ **Sostenibilidad a largo plazo**: La explotación de los recursos naturales debe realizarse de manera sostenible para garantizar beneficios a largo plazo y evitar el agotamiento prematuro de los yacimientos.

+ **Volatilidad de los precios**: Los precios de las tierras raras pueden ser volátiles, lo que puede afectar los ingresos de los países productores y dificultar la planificación a largo plazo.

+ **Competencia internacional**: Los países productores se enfrentan a la competencia de otros productores y a la amenaza de la aparición de materiales sustitutos o nuevas tecnologías que reduzcan la demanda de tierras raras.

+ **Desarrollo de capacidades**: Para maximizar los beneficios de la producción de tierras raras, los países productores necesitan desarrollar sus capacidades en exploración, extracción, procesamiento y valor agregado. Esto a menudo requiere inversión en educación, investigación y desarrollo.

+ **Gobernanza y transparencia**: Es fundamental establecer marcos regulatorios sólidos y transparentes para la gestión de los recursos de tierras raras, evitando la corrupción y asegurando que los beneficios se distribuyan de manera equitativa.

4.- Perspectivas Específicas de Algunos Países Productores:

+ **China**: Como el mayor productor mundial, China ha utilizado su dominio en las tierras raras como una herramienta geopolítica y económica. Su perspectiva incluye la consolidación de su liderazgo en la cadena de valor, la promoción de la sostenibilidad ambiental (aunque a menudo después de un período de explotación intensiva) y el fomento de la innovación en el uso de estos materiales.

+ **Australia**: Se ha posicionado como un proveedor alternativo confiable y está invirtiendo en el desarrollo de sus capacidades de procesamiento para ofrecer productos de mayor valor añadido. Su perspectiva se centra en la sostenibilidad y en la diversificación del suministro global.

+ **Estados Unidos y Canadá**: Estos países buscan reactivar y expandir su producción nacional de tierras raras para reducir su dependencia de China. Su perspectiva está impulsada por preocupaciones de seguridad nacional y la necesidad de asegurar el suministro para sus industrias de alta tecnología y defensa.

+ **Otros países (Brasil, India, Rusia, países africanos)**: Estos países ven en la producción de tierras raras una oportunidad para el desarrollo económico, pero también enfrentan desafíos en términos de inversión, tecnología y desarrollo de infraestructura sostenible.

En resumen, la perspectiva de los países productores de tierras raras está moldeada por una combinación de oportunidades económicas, consideraciones estratégicas y la necesidad de abordar los desafíos ambientales y de sostenibilidad. Cada país tiene sus propias prioridades y estrategias en función de sus recursos, capacidades y contexto geopolítico.

C- Perspectiva de los países consumidores

Examinar sus estrategias para asegurar el suministro y reducir la dependencia.

La perspectiva de los países consumidores de tierras raras está marcada por una serie de factores interconectados que giran en torno a la seguridad del suministro, la diversificación de fuentes, la sostenibilidad y la innovación tecnológica. Aquí te presento algunos puntos clave:

1. Seguridad del Suministro y Vulnerabilidad:

+ **Dependencia**: Muchos países consumidores, especialmente aquellos con industrias tecnológicas y de energías limpias avanzadas, dependen significativamente de un número limitado de proveedores de tierras raras. Históricamente, China ha sido el actor dominante en la extracción y procesamiento de estos elementos, lo que genera preocupación por posibles interrupciones en el suministro debido a factores geopolíticos, comerciales o regulatorios.

+ **Riesgos Geopolíticos**: Las tensiones comerciales y las consideraciones de seguridad nacional pueden llevar a los países consumidores a percibir la dependencia de un único proveedor como una vulnerabilidad estratégica. Esto impulsa la búsqueda de alternativas y la promoción de la producción nacional o de fuentes más diversificadas geográficamente.

2. Diversificación de Fuentes y Cadenas de Suministro:

+ **Estrategias de Mitigación**: Los países consumidores están implementando diversas estrategias para mitigar los riesgos de suministro, incluyendo:

o   Inversión en exploración y extracción doméstica: Fomentar la identificación y desarrollo de depósitos de tierras raras dentro de sus propias fronteras.

o   Apoyo a proyectos internacionales: Colaborar con otros países para desarrollar nuevas fuentes de suministro en diferentes regiones del mundo.

o   Fomento del reciclaje: Desarrollar tecnologías y sistemas para recuperar tierras raras de productos desechados, como electrónicos y baterías.

o   Investigación en sustitutos: Explorar materiales alternativos que puedan reemplazar las tierras raras en algunas aplicaciones.

3. Sostenibilidad y Consideraciones Ambientales:

+ **Impacto de la Producción**: Los procesos de extracción y procesamiento de tierras raras pueden tener impactos ambientales significativos, incluyendo la generación de residuos tóxicos y la alteración de ecosistemas. Los países consumidores están cada vez más preocupados por la sostenibilidad de la cadena de suministro y buscan fuentes que operen con estándares ambientales más altos.

+ **Responsabilidad Social**: Existe una creciente conciencia sobre las condiciones laborales y los impactos sociales asociados con la minería de tierras raras en algunas regiones. Los consumidores y las empresas demandan cada vez más transparencia y prácticas responsables en toda la cadena de valor.

4. Innovación Tecnológica y Demanda Futura:

+ **Crecimiento de la Demanda**: La demanda de tierras raras está en aumento debido a su papel crucial en tecnologías emergentes y en la transición hacia una economía más verde, incluyendo vehículos eléctricos, energías renovables (turbinas eólicas), electrónica de consumo de alta tecnología y equipos de defensa.

+ **Competitividad Industrial**: El acceso seguro y asequible a las tierras raras es fundamental para mantener la competitividad de las industrias manufactureras y tecnológicas en los países consumidores. Las interrupciones en el suministro o los aumentos drásticos de precios pueden afectar negativamente la innovación y el desarrollo de nuevas tecnologías.

En resumen, la perspectiva de los países consumidores de tierras raras se centra en asegurar un suministro estable, diversificado y sostenible de estos materiales críticos. Esto implica la implementación de estrategias a nivel nacional e internacional para reducir la dependencia de fuentes únicas, fomentar la producción responsable y promover la innovación en el reciclaje y la sustitución de tierras raras.

D.- Perspectiva tecnológica

La investigación en materiales alternativos y la mejora de las tecnologías de reciclaje son cruciales para reducir la dependencia de las tierras raras. La búsqueda de procesos de producción más sostenibles también es una prioridad, dado el impacto ambiental de la minería de tierras raras. Explorar la innovación en materiales alternativos y tecnologías de reciclaje. La perspectiva tecnológica de las tierras raras es un factor cada vez más relevante en la geopolítica mundial, entrelazándose con la seguridad nacional, la competencia económica y la transición energética. Aquí te presento algunos aspectos clave:

1. Dominio Tecnológico y Poder Geopolítico:

+ **Componentes Esenciales**: Las tierras raras son cruciales para una amplia gama de tecnologías avanzadas, incluyendo energías renovables (imanes permanentes en turbinas eólicas y vehículos eléctricos), electrónica de consumo (smartphones, pantallas), equipos médicos (resonancia magnética), y sistemas de defensa (radares, misiles, láseres). El acceso a estos materiales se ha convertido en un factor determinante para el desarrollo y la implementación de tecnologías de vanguardia.

+ **Ventaja Competitiva**: Los países que aseguran un suministro estable y diversificado de tierras raras obtienen una ventaja competitiva significativa en sectores tecnológicos clave. Esto se traduce en un mayor potencial para la innovación, el crecimiento económico y la influencia global.

+ **Seguridad Nacional**: Para muchas naciones, el acceso a las tierras raras es una cuestión de seguridad nacional, especialmente en lo que respecta a la producción de equipos militares y tecnologías de defensa. La dependencia de un único proveedor puede generar vulnerabilidades estratégicas.

2. La Competencia por el Control de la Cadena de Suministro:

+ **Concentración Geográfica**: Históricamente, China ha dominado la extracción, el procesamiento y la fabricación de imanes de tierras raras, controlando una parte significativa de la cadena de suministro global. Esta concentración genera preocupación en otros países consumidores, que buscan diversificar sus fuentes de suministro para reducir la dependencia y mitigar riesgos geopolíticos.

+ **Estrategias de Diversificación**: Los países consumidores están implementando diversas estrategias para diversificar la cadena de suministro, incluyendo:

    o   Inversión en exploración y extracción doméstica: Apoyar proyectos mineros en sus propios territorios o en países aliados.

o   Desarrollo de capacidades de procesamiento: Fomentar la creación de instalaciones de refinado y separación de tierras raras fuera de China.

o   Fomento del reciclaje: Invertir en tecnologías para recuperar tierras raras de productos desechados.

o   Investigación en materiales sustitutos: Explorar alternativas que puedan reducir la demanda de ciertas tierras raras.

+ **Implicaciones Geopolíticas**: La competencia por el control de la cadena de suministro de tierras raras está reconfigurando las relaciones geopolíticas, impulsando nuevas alianzas y tensiones entre países productores y consumidores.

3. La Transición Energética y la Demanda de Tierras Raras:

+ **Crecimiento Exponencial**: La transición hacia fuentes de energía más limpias está impulsando una demanda exponencial de tierras raras, especialmente neodimio y praseodimio, utilizados en la fabricación de imanes de alto rendimiento para turbinas eólicas y motores de vehículos eléctricos.

+ **Cuellos de Botella y Vulnerabilidades**: La capacidad de producción de tierras raras y de imanes podría convertirse en un cuello de botella para la transición energética si no se realizan inversiones significativas en la diversificación de la cadena de suministro. Esto podría generar nuevas vulnerabilidades geopolíticas y económicas.

4. Innovación Tecnológica como Factor de Cambio:

+ **Nuevas Técnicas de Extracción y Procesamiento**: La investigación y el desarrollo de técnicas de extracción y procesamiento más eficientes y sostenibles podrían reducir el impacto ambiental de la producción de tierras raras y hacer viables depósitos que antes no lo eran.

+ **Desarrollo de Aleaciones y Diseños Alternativos**: La innovación en materiales y diseños de motores y generadores podría reducir la cantidad de tierras raras necesarias o incluso permitir el uso de materiales alternativos.

+ **Reciclaje Avanzado**: El desarrollo de tecnologías de reciclaje más efectivas y económicas podría convertir los residuos electrónicos y los productos al final de su vida útil en una fuente importante de tierras raras secundarias, disminuyendo la presión sobre la minería primaria.

En conclusión, la perspectiva tecnológica de las tierras raras es un elemento crucial en la geopolítica actual y futura. El acceso, el control y la innovación en torno a estos materiales críticos tendrán un impacto significativo en el equilibrio de poder global, la seguridad nacional de los países y la velocidad de la transición hacia una economía más sostenible. La competencia por asegurar cadenas de suministro resilientes y diversificadas, junto con los avances tecnológicos en la producción y el uso de tierras raras, definirán en gran medida el panorama geopolítico de las próximas décadas.

E.- El impacto ambiental.

o   La extracción y el procesamiento de tierras raras pueden tener un impacto significativo en el medio ambiente, incluyendo la contaminación del agua y del suelo, así como la generación de residuos radiactivos.

o   Es fundamental desarrollar prácticas mineras más sostenibles y tecnologías de procesamiento que minimicen el impacto ambiental.

o   El reciclaje de tierras raras presentes en productos electrónicos y otros desechos se está volviendo cada vez más importante como fuente alternativa de estos elementos críticos. El reciclaje de tierras raras se está volviendo cada vez más crucial por varias razones:

+ **Seguridad de Suministro**: Las tierras raras son elementos críticos para numerosas tecnologías de alta demanda, incluyendo energías renovables (imanes permanentes en turbinas eólicas y motores de vehículos eléctricos), electrónica de consumo, defensa y dispositivos médicos. La producción primaria de tierras raras está altamente concentrada geográficamente, lo que genera preocupaciones sobre la seguridad y la estabilidad del suministro. El reciclaje ofrece una fuente alternativa de estos materiales, reduciendo la dependencia de las fuentes primarias y mitigando los riesgos geopolíticos.

+ **Impacto Ambiental**: La minería y el procesamiento de minerales de tierras raras pueden tener impactos ambientales significativos, incluyendo la degradación del suelo, la contaminación del agua y del aire, y la generación de residuos. El reciclaje de tierras raras requiere generalmente menos energía y produce menos residuos en comparación con la minería primaria, lo que lo convierte en una opción más sostenible desde el punto de vista ambiental.

+ **Valor Económico**: Los productos que contienen tierras raras, como los imanes permanentes en motores eléctricos y los residuos electrónicos, representan un valioso depósito de estos elementos. El desarrollo de tecnologías de reciclaje eficientes puede permitir la recuperación de estos materiales, creando nuevas oportunidades económicas y reduciendo la necesidad de extraer nuevos recursos.

+ **Economía Circular**: El reciclaje de tierras raras es un componente clave de la transición hacia una economía circular, donde los recursos se mantienen en uso durante el mayor tiempo posible, reduciendo la generación de residuos y la demanda de nuevos materiales.

F.- El futuro de las tierras raras.

o   La demanda de tierras raras seguirá creciendo a medida que aumente la producción de tecnologías limpias y dispositivos electrónicos.

o   La competencia por el acceso a estos recursos estratégicos probablemente se intensificará, lo que podría generar tensiones geopolíticas.

o   Desafíos del Reciclaje de Tierras Raras: A pesar de su importancia, el reciclaje de tierras raras enfrenta varios desafíos:

+ **Bajas Concentraciones**: Las concentraciones de tierras raras en muchos productos reciclables, especialmente en los residuos electrónicos, suelen ser bajas y están dispersas en una matriz compleja de otros materiales.

+ **Complejidad de los Productos**: Los productos que contienen tierras raras a menudo están diseñados con múltiples materiales, lo que dificulta su desmontaje y la separación de los componentes que contienen tierras raras.

+ **Procesos de Separación Complejos**: Al igual que en la extracción primaria, la separación de las tierras raras individuales de las corrientes de reciclaje sigue siendo un desafío técnico debido a sus similitudes químicas.

+ **Infraestructura y Economía de Escala**: La infraestructura para la recolección, el procesamiento y el reciclaje de productos que contienen tierras raras aún está en desarrollo en muchas regiones, y la economía de escala puede ser un factor limitante.

A pesar de estos desafíos, se están realizando importantes esfuerzos en la investigación y el desarrollo de tecnologías y procesos más eficientes para el reciclaje de tierras raras, incluyendo métodos hidrometalúrgicos, pirometalúrgicos y solvometalúrgicos adaptados a las fuentes secundarias. La creación de plantas piloto y la implementación de regulaciones que fomenten la recolección y el reciclaje de productos que contienen tierras raras son pasos importantes hacia la construcción de una cadena de suministro más sostenible y resiliente para estos elementos críticos.

VII
CONCLUSIONES

En conclusión, las Tierras Raras han trascendido su mera clasificación como elementos químicos para erigirse como pilares fundamentales de la economía y la seguridad global en el siglo XXI. Su singularidad radica en la combinación de propiedades fisicoquímicas excepcionales y su aplicación indispensable en tecnologías de vanguardia, desde la energía limpia y la electrónica de consumo hasta los sistemas de defensa más avanzados.

La "nueva geopolítica global" se encuentra intrínsecamente ligada a la disponibilidad y el control de estos recursos críticos. La concentración de las reservas y, especialmente, de la capacidad de procesamiento y refinado en un número limitado de actores, principalmente China, ha generado una asimetría de poder y una vulnerabilidad en las cadenas de suministro que preocupa a las naciones industrializadas y a las potencias emergentes por igual. Esta situación ha desencadenado una competencia estratégica por asegurar el acceso a fuentes diversificadas, impulsando la exploración de nuevos yacimientos, la inversión en tecnologías de reciclaje y la formación de alianzas internacionales.

La creciente demanda, impulsada por la transición energética y la digitalización, intensifica la presión sobre las cadenas de suministro y exacerba los riesgos geopolíticos asociados a las Tierras Raras. La potencial utilización de estos materiales como herramienta de presión económica y política subraya la necesidad de estrategias proactivas para mitigar la dependencia y fortalecer la resiliencia.

Además, la dimensión ambiental y social de la extracción y el procesamiento de Tierras Raras no puede ser ignorada. Los impactos ecológicos y los desafíos éticos inherentes a esta industria requieren la adopción de prácticas más sostenibles y la implementación de regulaciones robustas a nivel global.

Profundicemos aún más en las implicaciones de las Tierras Raras en la nueva geopolítica global, explorando las capas más complejas de esta dinámica:

+ **La Estrategia China y su Impacto**: El dominio de China en la producción y el procesamiento de Tierras Raras no es accidental, sino el resultado de décadas de inversión estratégica y políticas industriales. Este control le otorga una influencia significativa en las cadenas de suministro globales y la capacidad potencial de restringir el acceso a estos materiales críticos, como se ha insinuado en el pasado. Esta posición dominante obliga a otras naciones a reconsiderar sus dependencias y a buscar alternativas, lo que a su vez moldea las alianzas y las estrategias de seguridad económica a nivel mundial. La iniciativa "Belt and Road" de China, aunque no directamente centrada en las Tierras Raras, también influye en la geopolítica de los recursos al establecer infraestructuras y relaciones comerciales que podrían facilitar el acceso a nuevos depósitos en otras regiones.

+ **La Respuesta Global**: Diversificación y Alianzas: Ante la dependencia de un solo proveedor, varios países y bloques económicos, como Estados Unidos, la Unión Europea, Japón y Australia, están implementando estrategias para diversificar sus fuentes de suministro. Esto incluye la inversión en la exploración y desarrollo de yacimientos nacionales o en países aliados, el apoyo a proyectos de minería y procesamiento fuera de China, y el fomento de la investigación en tecnologías alternativas que reduzcan la necesidad de ciertas Tierras Raras o permitan su sustitución. Las alianzas estratégicas entre estas naciones se fortalecen en torno a la seguridad de las cadenas de suministro, compartiendo información, coordinando políticas y realizando inversiones conjuntas en la cadena de valor de las Tierras Raras.

+ **La Carrera Tecnológica y la Demanda Futura**: La continua innovación tecnológica impulsa una demanda cada vez mayor y cambiante de Tierras Raras. El desarrollo de nuevas generaciones de vehículos eléctricos con mayor autonomía, turbinas eólicas más eficientes, dispositivos electrónicos más potentes y sistemas de defensa más sofisticados implica una necesidad constante de optimizar el uso de las Tierras Raras existentes y de explorar nuevos elementos con propiedades aún más especializadas. Esta carrera tecnológica crea una presión adicional sobre el suministro y exige una inversión sostenida en investigación y desarrollo para mejorar la eficiencia en la extracción, el procesamiento y el reciclaje, así como para descubrir materiales sustitutos.

+ **Implicaciones para la Seguridad Nacional**: La dependencia de las Tierras Raras para la industria de defensa plantea serias preocupaciones de seguridad nacional. La potencial interrupción del suministro podría paralizar la producción de equipos militares críticos y afectar la capacidad operativa de las fuerzas armadas. Esta vulnerabilidad impulsa a los gobiernos a tomar medidas para asegurar un suministro confiable para sus industrias de defensa, incluyendo el almacenamiento estratégico de estos materiales, el apoyo a la producción nacional y la colaboración con aliados para establecer cadenas de suministro resilientes.

+ **El Papel de la Sostenibilidad y la Ética**: La creciente conciencia sobre los impactos ambientales y sociales de la minería y el procesamiento de Tierras Raras añade una nueva dimensión a la geopolítica de estos materiales. Las preocupaciones sobre la degradación ambiental, la contaminación y las condiciones laborales en algunas regiones productoras están llevando a una mayor demanda de prácticas más sostenibles y éticas en toda la cadena de valor. Esto podría influir en las decisiones de inversión, en las políticas regulatorias y en las preferencias de los consumidores, favoreciendo a aquellos productores que adopten estándares más altos de responsabilidad ambiental y social.

+ **La Geopolítica de la Innovación**: La competencia por el liderazgo en las tecnologías que dependen de las Tierras Raras también se ha convertido en un aspecto clave de la nueva geopolítica global. Las naciones que logren asegurar un suministro estable de estos materiales y que inviertan en la investigación y el desarrollo de nuevas aplicaciones tendrán una ventaja competitiva significativa en sectores estratégicos como la energía limpia, la inteligencia artificial y la defensa. Esta dinámica impulsa una carrera por la innovación, donde el acceso a las Tierras Raras se convierte en un factor habilitador fundamental.

En última instancia, la gestión de los desafíos y oportunidades que presentan las Tierras Raras en el contexto de la nueva geopolítica global requerirá un enfoque multilateral y colaborativo. La inversión en investigación e innovación, el fomento de la economía circular, la diversificación de las fuentes de suministro y el establecimiento de marcos regulatorios transparentes y responsables serán cruciales para garantizar un acceso seguro y sostenible a estos recursos esenciales y para evitar que se conviertan en un factor de inestabilidad y conflicto en el escenario mundial. La comprensión profunda de la intrincada relación entre las Tierras Raras y la geopolítica global es, por tanto, indispensable para navegar los desafíos y construir un futuro más seguro y próspero. En resumen, la geopolítica de las Tierras Raras es un campo complejo y en constante evolución, donde se entrelazan intereses económicos, estratégicos, tecnológicos, ambientales y sociales. La forma en que las naciones gestionen sus dependencias, forje alianzas, fomenten la innovación y aborden los desafíos de sostenibilidad definirá en gran medida el panorama geopolítico del siglo XXI. La profundidad de esta cuestión radica en su capacidad para influir en la distribución del poder global, en la dirección de la transición energética y en la seguridad de las naciones.

BIBLIOGRAFÍA

Para profundizar en el tema, te recomiendo consultar las siguientes fuentes:
- Documentos de organizaciones internacionales como la Agencia Internacional de Energía (AIE) y la Comisión Europea.
- Informes de centros de investigación y universidades especializadas en recursos naturales y geopolítica.
- Artículos y análisis de expertos en publicaciones especializadas.

Artículos y Reportes:

China has a monopoly on rare earth metals (Polytechnique Insights): https://www.polytechnique-insights.com/en/columns/geopolitics/china-has-a-monopoly-on-rare-earths/

Competition for Control of Rare Earths Triggering Great Power Conflict in Central Asia (Paul Goble, Jamestown Foundation): https://jamestown.org/program/competition-for-control-of-rare-earths-triggering-great-power-conflict-in-central-asia/

Critical Minerals and Rare Earths: Unpacking the Economics Behind the Energy Transition (XRF Scientific): https://www.xrfscientific.com/critical-minerals-and-rare-earths-unpacking-the-economics-behind-the-energy-transition/

From Geology, through Geopolitics, to Security: a critical and comprehensive analysis of Rare Earth Elements, the vitamins of the 1 (Alessio Bruni, LUISS University): https://tesi.luiss.it/34347/1/645142_BRUNI_ALESSIO.pdf

Geopolitics of rare earth elements (The Express Tribune): https://tribune.com.pk/story/2493654/geopolitics-of-rare-earth-elements

Geopolitical risk: raw materials and technological dependence (Real Instituto Elcano): https://www.realinstitutoelcano.org/en/commentaries/geopolitical-risk-raw-materials-and-technological-dependence/

Geopolitics to drive rare earth supply diversification (Benchmark Source): https://source.benchmarkminerals.com/article/geopolitics-to-drive-rare-earth-supply-diversification

Geopolitics of rare earths: a strategic natural resource for the multidimensional security of the State (Revista Científica ESME): https://revistacientificaesmic.com/index.php/esmic/article/download/587/711/3479

Geopolitics and rare earth metals (IDEAS/RePEc): https://ideas.repec.org/a/eee/poleco/v78y2023ics0176268022001598.html

Global Rare Earth and Mineral Dependence in the Energy Transition (Ana Mendieta Ovejero, Universidad Pontificia Comillas): https://repositorio.comillas.edu/xmlui/bitstream/handle/11531/79438/MENDIETAOVEJERO_ANA_TFG_RRII_2024.pdf?sequence=1&isAllowed=y

Rare Earths' Global Geopolitical and Economic Importance (Giancarlo Elia Valori, World Geostrategic Insights): https://www.wgi.world/rare-earths-global-geopolitical-and-economic-importance/

Rare-Earth Reserves in Central Asia Sparking Intense Geopolitical Competition (Jamestown Foundation): https://jamestown.org/program/rare-earth-reserves-in-central-asia-sparking-intense-geopolitical-competition/

Rare earths, controlled by China, are increasingly driving US geostrategy (EFE): https://efe.com/en/other-news/2025-02-15/rare-earths-increasingly-driving-us-geo-strategy/

Rare earth elements – Analysis (International Energy Agency - IEA): https://www.iea.org/reports/rare-earth-elements

Rare Earth Elements, Global Inequalities and the 'Just Transition' (The British Academy):

https://www.thebritishacademy.ac.uk/documents/4203/Just-transitions-rare-elements-global-inequalities.pdf

Rare Earth Politics across Time, Space, and Scale (Stacy D. VanDeveer, Global Environmental Politics): https://direct.mit.edu/glep/article/19/3/133/14966/Rare-Earth-Politics-across-Time-Space-and-Scale

Rare Earth Elements: China and the Geopolitics of Strategic Minerals (Sophia Kalantzakos, ART SpA): https://www.artgroup-spa.com/rare-earth-elements-china-and-the-geopolitics-of-strategic-minerals/

The Geopolitics of Rare Earth Elements (Stratfor): https://worldview.stratfor.com/article/geopolitics-rare-earth-elements

The Geopolitics of Rare Earth Elements: Emerging Challenge for U.S. National Security and Economics (Bert Chapman, Purdue e-Pubs): https://docs.lib.purdue.edu/cgi/viewcontent.cgi?article=1195&context=lib_fsdocs

The geopolitics of rare earth elements: Emerging challenge for U.S. national security and economics (Bert Chapman, ResearchGate): https://www.researchgate.net/publication/329467488_The_geopolitics_of_rare_earth_elements_Emerging_challenge_for_US_national_security_and_economics

Libros:

China and the Geopolitics of Rare Earths de Sophia Kalantzakos.

"Cobalt Red: How the Blood of the Congo Powers Our Lives" de Siddharth Kara. Aunque se centra principalmente en el cobalto, un mineral crítico relacionado, este libro también arroja luz sobre las complejas dinámicas de la extracción de recursos en la República Democrática del Congo, un país con importantes depósitos de tierras raras. Entender la geopolítica de minerales similares puede ofrecer perspectivas valiosas.

"Material World: A Global History of the Modern Resource Frontier" de Edouard Moreels. Este libro ofrece un contexto histórico más amplio sobre la explotación de recursos naturales y cómo ha moldeado la geopolítica a lo largo del tiempo, lo cual es útil para entender el lugar de las tierras raras en este panorama.

"Energy and Geopolitics" de Gawdat Bahgat. Este libro analiza la intersección entre la energía y la geopolítica, y aunque se centra principalmente en los hidrocarburos, también aborda la creciente importancia de los minerales críticos como las tierras raras en el contexto de la transición energética y la seguridad de suministro.

Rare Earth Frontiers: From Terrestrial Subsoils to Lunar Landscapes de Julie Michelle Klinger.

"The Rare Metals War: The Dark Side of Clean Energy and Digital Technologies" de Guillaume Pitron. Este libro ofrece una investigación exhaustiva sobre el impacto ambiental y geopolítico de la extracción de metales raros necesarios para las tecnologías verdes y digitales.

"The Power of Materials: A Global History of Technology and Society" de Ken Alder. Si bien no se centra exclusivamente en las tierras raras, este libro explora cómo los materiales han sido fundamentales para el desarrollo tecnológico y el poder geopolítico a lo largo de la historia, proporcionando un marco útil para comprender la importancia de las tierras raras.

ÍNDICE

Tempus rationis amissa